BEI GRIN MACHT SICH IHR WISSEN BEZAHLT

- Wir veröffentlichen Ihre Hausarbeit, Bachelor- und Masterarbeit

- Ihr eigenes eBook und Buch - weltweit in allen wichtigen Shops

- Verdienen Sie an jedem Verkauf

Jetzt bei www.GRIN.com hochladen und kostenlos publizieren

Sören Kupke

Klimawandel und Energieversorgung

Herausforderung stromlose Kühlung / Passivkühlung

GRIN Verlag

Bibliografische Information der Deutschen Nationalbibliothek:

Die Deutsche Bibliothek verzeichnet diese Publikation in der Deutschen National-
bibliografie; detaillierte bibliografische Daten sind im Internet über http://dnb.d-
nb.de/ abrufbar.

Impressum:

Copyright © 2008 GRIN Verlag GmbH
Druck und Bindung: Books on Demand GmbH, Norderstedt Germany
ISBN: 978-3-656-63483-6

Dieses Buch bei GRIN:

http://www.grin.com/de/e-book/271238/klimawandel-und-energieversorgung

Sören Kupke, 17. 09. 2008

Albert-Ludwigs-Universität Freiburg

Institut für Physische Geographie

Hauptseminar: Klimawandel und Biodiversität

Sommersemester 2008

Klimawandel und Energieversorgung

Abb. 1: Kühlturm der Passivkühlung des Besucherzentrums des Zion National Park (Foto: Privat)

Inhalt

1. Die Bedeutung der Kälte für den Menschen

Zu allen Zeiten der Geschichte der Menschheit spielte die Wärme eine entscheidende kulturelle Rolle. Das Lagerfeuer und später der Ofen waren das Zentrum des sozialen Lebens, Quelle der Behaglichkeit und unverzichtbar für die Zubereitung von Nahrung. Der Besitz eines Feuers war oft ein Statussymbol. Wer sich Wärme leisten konnte, zeigte damit seinen Reichtum.

Je nach Modell hat sich die durchschnittliche Temperatur auf der Erdoberfläche in den vergangenen 100 Jahren um etwa 1°C erhöht und wird in den kommenden 100 Jahren um weitere 2°C bis 5°C ansteigen. Um unabhängiger von den äußeren Bedingungen zu sein, kühlt der Mensch seit vielen Jahrhunderten seine Wohn- und Aufenthaltsräume, seit einem Jahrhundert auf elektrisch-mechanische Art, auch um sich an die steigenden Temperaturen anzupassen. Während dieser letzten hundert Jahre hat es die künstliche Kühlung zu einer ähnlichen Bedeutsamkeit wie die künstliche Wärme gebracht. Ein klimatisiertes Gebäude scheint völlig unabhängig der Außenwelt zu trotzen, in einigen Kulturen ist es in vielen Gebäuden im Sommer kälter als im Winter. Heute sind Klimaanlagen Statussymbole; ein Autobesitzer, Büroarbeiter, Eigenheimbesitzer, sogar Supermarktkunde kann sich durch den Genuss dieser Errungenschaft vom Anderen (meist weniger Wohlhabenden) abgrenzen und profilieren.

Leider birgt die sich zunehmend verbreitende Klimatisierung auch Gefahren und Probleme. Schlechte Luftqualität in Gebäuden, Krankheiten und somatische und psychische Folgen sind nur der Anfang. Der hohe Stromverbrauch der Klimageräte bedeutet eine neue Herausforderung an die Netze, besonders weil er sehr saisonal und tageszeitabhängig auftritt. Dabei gibt es eine Vielzahl alternativer Methoden der Kühlung, die dem Trend der energieaufwändigen elektrischen Kühlung entgegenwirken und flexible, dezentrale Lösungen bieten.

Im Folgenden wird die Energieversorgung vor dem Hintergrund des Klimawandels betrachtet. Ein besonderer Schwerpunkt wird auf den Versuch der Reduktion des Energieverbrauchs im Bereich der Kühlung als Lösung für zukünftige Energieengpässe gelegt.

1.1 Die Entwicklung von Weltstromverbrauch, Strompreis und Temperatur

Der Ausgangspunkt für die Diskussion sind drei verschiedene Trends, die alle einen Anstieg verzeichnen und sich zunehmend gegenseitig beeinflussen werden.

Der Mensch verbraucht heute soviel Strom wie nie zuvor, und wird voraussichtlich auch in Zukunft seinen Strombedarf weiter steigern. Besonders in den aufstrebenden Schwellenländer der Dritten Welt, die sich in der Industrialisierung befinden, ist diese Entwicklung und Aussicht erkennbar. Heute werden jährlich 15000 TW/h verbraucht, eine Zunahme um 500 TW/h jährlich kann erwartet werden[1] (Abb. 2). Während die EU und die USA ihren Stromverbrauch jährlich nur um etwa 2% erhöhen werden, wird Indien seinen Verbrauch um jährlich 5% und China sogar um 12% steigern.

Gleichzeitig steigt der Strompreis ständig. Obwohl der Strommarkt in Europa 1998 liberalisiert wurde, hat sich der Strompreis für den Endbenutzer zwischen 2000 und 2008 vervierfacht (Abb. 3).

Währenddessen leben wir in einer Welt, die ständig wärmer wird. Es gibt zahlreiche Modelle zur Entwicklung des Klimawandels. Während einige Wissenschaftler ihn ignorieren oder verleugnen, sehen die meisten Prognosen jedoch einen Anstieg der Temperatur um 2°C bis 5°C während der nächsten 100 Jahre (Abb. 4).

Wenn die Temperaturen steigen, wird der Mensch seine Wohn-, Aufenthalts- und Arbeitsräume zunehmend kühlen. Wenn viel auf herkömmliche Art gekühlt wird, steigt der Stromverbrauch, damit auch der Strompreis weiter. Mehr Stromnachfrage benötigt mehr Kraftwerkkapazität, was zum weiteren Klimawandel beitragen kann. Diese Zusammenhänge lassen einen Teufelskreis erahnen, der nur durch eine baldige Änderung des Verhaltens der Verbraucher gebrochen werden kann.

---

[1] Thumann 2007: 2

2. Kühlen als Anpassung des Menschen an die Klimaerwärmung

Seit der Mensch Gebäude bewohnt, gehört es zu den Aufgaben der Architektur, in entsprechend warmen Gegenden für eine angemessene Kühlung zu sorgen. Oft senkt alleine die fehlende direkte Sonneneinstrahlung innerhalb eines Gebäudes die Temperatur im Vergleich zur umgebenden Luft, wobei dünne Wände und dunkle Farben auf der Außenseite den Effekt leicht umkehren können. Durchlüftung und Zirkulation sind weitere wichtige Komponenten effizienter Kühlung. Seit der Entwicklung von Möglichkeiten elektrisch-mechanischer Kühlung ist die Bedeutung kühlender Architektur teilweise in den Hintergrund gerückt, da man mit maschineller Kraft eine intelligente Bauweise ersetzen kann. In den letzten Jahrzehnten erlangen jedoch Konzepte wie die Niedrigenergiebauweise und das Passivhaus wieder Bedeutung, angetrieben durch steigende Energiepreise und das Bedürfnis nach Entlastung der Umwelt. Heute existieren zahlreiche Alternativen zur energieaufwändigen elektrisch-mechanischen Kühlung, von denen hier einige vorgestellt werden sollen. Zunächst jedoch soll die elektrische Kühlung betrachtet werden, wobei die Probleme, die sich aus ihr ergeben, analysiert werden sollen.

2.1 Elektrische Klimageräte

Die Idee, Luft über kühle Oberflächen oder Eis zu leiten, ist alt; bereits im alten Rom soll kaltes Aquäduktwasser durch Wände geleitet worden sein, um die Innenluft zu kühlen und eine Konvektion hervorzurufen. Die Erfindung eines Kühlgerätes, bei dem Luft über Eis geblasen wird, wird dem Arzt Dr. John Gorrie zugeschrieben, der damit in Krankenhäusern in Florida in den 1830er Jahren die Krankenzimmer von Malaria- und Gelbfieberpatienten kühlte.[2]

In solchen Konstruktionen wurde jedoch die Kälte nicht direkt hergestellt, sondern von außen hereingebracht. Die ersten Klimageräte, die selbst die Kälte produzierten, wurden in den ersten Jahrzehnten des 20. Jahrhunderts entwickelt. Nach einer grundlegenden Erfindung des Ingenieurs Willis Carrier wurden zunächst Industriegebäude und Krankenhäuser, später auch Wohngebäude durch Anlagen gekühlt, die Chemikalien als Kühlmittel in einem geschlossenen Kreislauf einsetzten. Ende der 20er Jahre wurden elektrische Kühlsysteme in einer Vielzahl von Bürogebäuden, Kaufhäusern und Eisenbahnwaggons eingesetzt. Den Durchbruch

---

[2] Jones 1997

beim Privatkonsumenten erlangte die neue Technologie durch die Einführung der kostengünstigen Fensterkühleinheiten in den 40er Jahren, die ohne zusätzliche bauliche Maßnahmen in den bestehenden Fensterlöchern von Wohn- und Bürogebäuden installiert werden können. Im Jahr 1953 wurden alleine in den USA über 1 Million Einheiten verkauft, mehr als in jedem anderen Jahr.

Im Vergleich zu den bis daher zur Raumkühlung benutzten Ventilatoren und Gebläsen fallen die elektrisch-mechanischen Klimageräte durch einen sehr hohen Stromverbrauch auf. Wo bislang lediglich ein Elektromotor arbeitete und die eigentliche, gespürte Kühlung durch die bewegte Luft entstand, wird nun Kühlmittel durch eine Pumpe komprimiert und zusätzlich Luft durch ein Gebläse in Bewegung gebracht, sowohl auf der kühlenden Seite als auch bei der Abwärme[3].

Dabei wird die Luft im Gebäude auf zwei Arten verändert: Sie wird gekühlt und dabei auch entfeuchtet (Abb. 5). Der geschlossene Kühlkreislauf mit einer Chemikalie als Kühlmittel besteht aus zwei Teilen: dem kalten Niedrigdruckteil auf der Innenseite des Gebäudes (rechter Teil der Abbildung), und dem warmen Hochdruckteil auf der Außenseite des Gebäudes (linker Teil der Abbildung). Zwischen beiden Teilen befindet sich einerseits eine Pumpe, die das Kühlmittel komprimiert bzw. dekomprimiert, und andererseits ein Ventil welches den Durchfluss einschränkt und damit diese Druckunterschiede ermöglicht. Auf der Innenseite verdunstet die Flüssigkeit, die unter niedrigem Druck steht. Die Verdunstungskälte kühlt die Rohrschleifen, die vorbeiströmende Luft wird gekühlt und die enthaltene Feuchtigkeit kondensiert und läuft als Wasser ab. Auf der Außenseite geschieht das Gegenteil, nach dem Passieren der Pumpe steht das momentan gasförmige Kühlmittel unter starkem Druck, geht wieder in den flüssigen Zustand über, erwärmt sich dabei, die Hitze wird durch vorbei geblasene Umgebungsluft abgeführt. Da die Komponenten des Systems symmetrisch und umkehrbar sind, kann das Gerät durch einfaches Umkehren der Pumprichtung auch als Heizung benutzt werden, allerdings mit ebenso hohem Energieverbrauch wie bei der Gebäudekühlung.

Da bei der Kühlung Abwärme entsteht, kann dies bei warmem Wetter insbesondere in Häuserschluchten in Großstädten zusätzlich das Stadtklima belasten. Global gesehen führt die Abwärme jedoch nicht unmittelbar zu einer Erwärmung, da ja der Temperaturerhöhung auf der einen Seite des Kreislaufs eine Verringerung um

---

[3] Natural Resources Canada 2004: 15

denselben Betrag auf der anderen Kreislaufseite gegenübersteht, welche sich insgesamt wieder ausgleichen. Dennoch wirkt sich der hohe Energieverbrauch natürlich indirekt durch die dazu benötigte Stromproduktion auf das Klima aus.

2.2 Building Related Illness und Sick Building Syndrome

Das größte gesundheitliche Problem, das die zunehmende Verbreitung von Klimageräten mit sich bringt, ist die Isolierung von Gebäuden zur Außenluft, sowie die ständig zirkulierende Luft, die oft nicht durch frische Luft ergänzt wird. Bei der mechanischen Kühlung wird gleichzeitig gekühlt und entfeuchtet, und bei zirkulierender Luft ist es natürlich einfacher, die bereits gekühlte und entfeuchtete Luft erneut in den Umlauf zu bringen als frische, warme und feuchte Luft ins System einzuführen und zu verarbeiten. Diese Bedingungen bieten ideale Voraussetzungen zur Verbreitung von Bakterien und Krankheitserregern. In der Medizin spricht man von Building Related Illness (BRI) und Sick Building Syndrome (SBS)[4].

Bei BRI handelt es sich um eine diagnostizierbare Krankheit, die direkt in Verbindung gebracht werden kann mit Luftschadstoffen in einem Gebäude. Beim SBS leiden die Betroffenen unter Symptomen, die zwar einem bestimmten Gebäude zugeordnet werden können, bei denen jedoch kein bestimmter Auslöser gefunden werden kann. BRI äußert sich unter Anderem durch Unwohlsein, Husten und Fieber, und oft ist eine längere Abwesenheit vom betroffenen Gebäude nötig, um der Krankheit entgegen zu wirken. Beim SBS treten Symptome wie Kopfschmerzen, Reizungen der Schleimhäute, trockener Husten, Schwindel, Übelkeit, Konzentrationsstörungen und Müdigkeit auf. Oft tritt eine Besserung bereits beim Verlassen des Gebäudes ein.

Die Ursachen für BRI und SBS sind in unreinen Lüftungs- und Filtersystemen zu suchen, die ideale Bedingungen für Mikroben (Bakterien und Pilze) bieten. Die Dekontamination von Gebäuden ist teuer, eine gute Instandhaltung der Lüftungssysteme verhindert jedoch meist die Entstehung von Problemzonen, wie stehenden Wasserlachen in den Rohrsystemen oder teilweise undurchlässigen, verschmutzten Filtern. In den USA empfiehlt die ASHRAE (American Society of Heating, Refrigerating and Air-Conditioning Engineers) außerdem eine Frischluftzufuhr von 15 CFM (Kubikfuß pro Minute) (0.42 m^2/min) pro Person, 20 CFM (0.57 m^2/min) in Büroräumen und 60 CFM (1.7 m^2/min) in Raucherbereichen.

---

[4] Kansas Department of Health and Environment

Zivilisationskrankheiten wie die oben beschriebene verdeutlichen, dass eine fortschrittliche Errungenschaft wie die mechanische Kühlung von Gebäuden unerwartete Folgen mit sich bringen kann. Auch psychische Folgen wären denkbar, da die Isolierung von Gebäuden zur Klimatisierung auch eine Isolation von der Außenwelt zur Folge hat, eine verringerte Teilnehme am Geschehen, den Geräuschen und Gerüchen außerhalb des Gebäudes.

2.3 Energiesparen durch architektonische Lösungen

Neben dem hohen Energieverbrauch und den beschriebenen gesundheitlichen Auswirkungen hat die elektrische Kühlung noch einen weiteren bedeutenden Nachteil: Die Stromnachfrage hat einen Höhepunkt zur heißesten Tageszeit, zu welcher die Energie zudem am teuersten ist. Der Strom wird von allen Verbrauchern zur selben Tages- wie auch Jahreszeit in ähnlicher Menge nachgefragt, was überdurchschnittliche Nachfragespitzen zur Folge hat, was eine große Belastung für das Netz darstellt. Die Auswirkungen hiervon auf den Energiemarkt und das Netz, insbesondere im Kontext des Klimawandels, werden in dieser Arbeit etwas später betrachtet. Zunächst soll es jedoch um nahe liegende Lösungen gehen, die daraus bestehen entweder die Energienachfrage zu dezentralisieren oder den Verbrauch insgesamt zu reduzieren. Dies erfordert architektonische Lösungen, von denen zahlreiche heute einsatzbereit wären, die dennoch bislang bedauerlicherweise keine flächendeckende Verbreitung gefunden haben und oft nur in Pilotprojekten im Einsatz sind. Im Folgenden sollen einige dieser zukunftsweisenden Lösungen betrachtet werden. Dabei soll bewusst die nahe liegende Photovoltaik außer Acht gelassen werden. Diese wäre zwar in sonnenreichen Gebieten hervorragend zur Stromproduktion geeignet: Die eintreffende Energie auf Dachflächen ist etwa zehnmal so hoch wie die zum Kühlen benötigte Energie[5], außerdem wird zur Zeit des höchsten Verbrauchs auch am meisten Energie erzeugt. Für einen flächendeckenden Einsatz wären die Kosten aber noch viel zu hoch, und eine zukunftsorientierte Lösung sollte die Baukosten eines Gebäudes nicht bedeutend erhöhen oder günstig nachzurüsten sein.

---

[5] Kopko 2004: 1

2.3.1 Wärmetauscher

Eine kostengünstige Möglichkeit zur Kühlung mit Sonnenenergie ist ein auf dem Wärmetauscher basierendes System, welches hauptsächlich auf dem Gebäudedach installiert wird. In einer Studie der Firma WorkSmart Energy Enterprises, angefertigt für die Energiekommission des Staates Kalifornien, wird die flächendeckende Realisierbarkeit von solchen Anlagen in dem Bundesstaat untersucht[6]. Zu den Hauptzielen gehört die Reduktion von Nachfragespitzen zur Mittagszeit und die Dezentralisierung der Versorgung, beides Maßnahmen zur Stabilisierung des Netzes. Das System basiert auf kostengünstigen Kollektoren im Niedrigtemperaturbereich, kombiniert mit ebenso billigem Kalziumchloridlösung als Trockenmittel und Energiespeicher, und kann in Kalifornien potenziell jährlich 8.5 Milliarden kWh Strom ($1 Milliarde Stromkosten für den Verbraucher) einsparen.

2.3.2 Konvektion

Technisch noch unkomplizierter und damit noch kostengünstiger ist die Kühlung durch die geschickte Steuerung von Luftströmungen. Dies ist zwar im Vergleich zur oben genannten Methode nur in Neubauten realisierbar, funktioniert dann aber auch fast völlig Betriebskostenfrei, abgesehen von minimaler Steuermechanik und Elektrik sowie der Reinigung und Instandhaltung. Die Inspiration zu Konvektionskühlungen kommt vom Bauverhalten der Termiten, die in ihren Kolonien für Millionen von Einwohnern durch ein ausgeklügeltes Lüftungssystem die Temperatur und Feuchtigkeit stets in angenehmen Bereichen halten, unabhängig von den Bedingungen außerhalb des Baus, in denen sie ohne Schutz nicht überlebensfähig wären[7]. Die Erforschung der angewandten Bauweise stellte eine besondere Herausforderung dar, da die Tunnelsysteme sehr komplex sind und nur durch Ausgießen mit Beton und darauf folgendem Abtragen des umgebenden Baus erfasst werden konnten. Der Wind in der Umgebung spielt bei der Konvektionsbelüftung eine entscheidende Rolle, sodass der Termitenbau in seiner gesamten Konstruktion an die in der Gegend vorherrschende Windrichtung angepasst wird. Die Lüftung basiert auf Druckunterschieden an verschiedenen Stellen, diese werden durch Öffnungen in verschiedenen Höhen und Ausrichtungen an der Außenseite erreicht. Die Windgeschwindigkeit ist in zunehmender Höhe über der Erdoberfläche größer, da in

---

[6] Kopko 2004
[7] Aumann 2007: 12

Bodennähe der Widerstand der Erdoberfläche (durch Reibung und Hindernisse) die Windgeschwindigkeit verringert (Abb. 6). Das Windgeschwindigkeitsgefälle in verschiedenen Höhen des Turmes kann also für eine Konvektion im Inneren ausgenutzt werden. Hinzu kommt die aufsteigende warme Luft im Pilzgarten im Inneren des Hügels, welche durch den Kamineffekt Luft von unten nachzieht (Abb. 7). Das Beachtenswerte ist, dass die gesamte Klimatisierung ausschließlich mit regenerativer Energie erreicht wird (Wind sowie die Wärme aus chemischen Reaktionen im Inneren).

Das Prinzip wurde in der traditionellen Architektur verschiedener Kulturen verwendet. Die spitz aufragenden Zelte der Ureinwohner Nordamerikas sorgten für einen Kamineffekt, mit dem die verschmutzte Luft nach oben abgesogen wurde und gleichzeitig seitlich von unten Frischluft nachziehen konnte. In Gebäuden im Römischen Reich wurden Fensteröffnungen auf der windabgewandten Seite größer als auf der zugewandten Seite konstruiert, damit ein Sog von der einen Seite zur anderen für Luftaustausch sorgte. Ein weiteres Beispiel für die Nutzung des Druckgefälles war das römische Pantheon, in dessen Kuppel an der höchsten Stelle eine Öffnung war, die den Venturieffekt nutzte um die Abluft der Menschenmenge und der brennenden Lampen und Kerzen abzusaugen[8]. Der Venturieffekt wird auch heute noch in Gebäuden angewandt, die diese alternative Lüftungsart anstatt von mechanischen Gebläsen nutzen. Er basiert auf dem Gesetz von Bernoulli, nach dem schnell an einer Öffnung vorbeiströmende Luft einen niedrigeren Druck in der Öffnung hervorruft als langsam vorbeiströmende Luft, was für ein Druckgefälle genutzt werden kann.

Das 1996 fertig gestellte Eastgate Centre in Harare, ein Einkaufszentrum und Bürogebäude in der Zimbabwischen Hauptstadt, ist ein prominentes Beispiel für die Imitation der Bautechnik der Termiten in der modernen Architektur. Dabei ist beachtenswert, dass dieser Baustil eng mit der Gegend verbunden ist, da Termiten in Zimbabwe heimisch sind und damit die zahlreichen Termitenhügel zum Landschaftsbild gehören. Genau wie beim Termitenhügel benötigt das Gebäude ausschließlich regenerative Energie zur Lüftung, in diesem Fall lediglich den vorbeiziehenden Wind und die aufsteigende Wärme der Menschen und Bürogeräte, während bei herkömmlichen modernen Bürogebäuden 15% bis 25% der

---

[8] Aumann 2007: 18-19

Gebäudebetriebskosten für die Klimasysteme benötigt werden[9]. Am Ort des Gebäudes schwankt die Temperatur im Tagesverlauf (am Beispiel eines Tages im späten September) zwischen einem Tief bei 19°C um 6 Uhr morgens und einem Hoch von über 29°C um 15:00 nachmittags. Während derselben Zeitspanne schwankt jedoch die Innentemperatur in den Büroräumen nur zwischen angenehmeren 23°C und 26°C (Abb. 8). Eine zusätzliche Kühlung ist nicht nötig. Wie (in Abb. 9) im Querschnitt skizziert, entsteht die Konvektion in den einzelnen Büroräumen einerseits durch Öffnungen in Deckenhöhe für die Abwärme zu den Konvektionskaminen, andererseits durch Öffnungen in Fußbodenhöhe zur kühlen Frischluftzufuhr von den pflanzenbewachsenen Atriumwänden. Die aufsteigende Warmluft von den anwesenden Personen und Geräten reicht zur Konvektion bereits aus, der vorbeiströmende Wind unterstützt das Absaugen nach oben hinaus zusätzlich.

Wie bereits erwähnt unterscheidet sich die Konvektionskühltechnik vom vorher genannten Wärmetauscher durch den vernachlässigbar geringen Energieverbrauch. Hinzu kommt, dass die Luftqualität in den Räumen wesentlich besser ist, da ständig Frischluft einfließt und nicht die verbrauchte Luft lediglich gekühlt und erneut zirkuliert wird.

2.3.3 Passivkühlung durch Wasserverdunstung

Eine dritte Alternativlösung der Gebäudekühlung, wiederum sehr unterschiedlich zu den oben genannten Techniken und mit weiteren einzigartigen Vorteilen, ist die Passivkühlung durch Wasserverdunstung. Zwar verbraucht diese Technik Wasser, welches in vielen möglichen Einsatzgebieten nicht in ausreichenden Mengen zur Verfügung steht, allerdings funktioniert sie dafür ohne Wind. Die Passivkühlung basiert auf der Verdunstung und der Schwerkraft, kein weiteres Gebläse wird benötigt, wohl aber eine Pumpe zum Transport des Wassers in den Kühlturm. Im Gegensatz zum vorher genannten Konvektionskamin herrscht im Kühlturm kein aufsteigender Luftstrom, stattdessen fällt kalte Luft abwärts in das Gebäude. Diese wurde zuvor an der Spitze des Turms gekühlt, indem Wasser über Lamellen geleitet wird, durch die Wärme verdunstet und damit die Umgebungsluft kühlt. Auf der Innenseite des Gebäudes wird die kühle, angenehm feuchte Luft in Fußbodenhöhe eingeführt, gleichzeitig kann die warme Abluft in Deckenhöhe durch Öffnungen

---

[9] Aumann 2007: 29

abgeleitet werden. Falls am Standort dennoch Wind vorherrscht, kann das System an beiden Öffnungen des Kreislaufs zusätzlich effizienter gestaltet werden: Auf dem Kühlturm kann durch eine Windfahne der Lufteinlass stets in Windrichtung ausgerichtet werden, am Auslass an der Gebäudedecke kann durch eine weitere Windfahne der Auslass in Gegenrichtung ausgerichtet werden, was ein Vakuum erzeugt und somit Luft aus dem Gebäude heraus saugt.

Der US-Amerikanische Nationalparkdienst USNPS betreibt seit 2000 in einem Pilotprojekt im Zion National Park im Bundesstaat Utah ein Gebäude, welches seinen gesamten Kühlbedarf durch Passivkühlung abdeckt[10] (Abb. 1). Das Besucherzentrum wird jährlich von über 2 Millionen Touristen besucht, zu Spitzenzeiten 3000 pro Stunde. Da das in den 60er Jahren konstruierte Vorgängergebäude dem Besucherandrang nicht mehr gerecht werden konnte, musste in den späten 90er Jahren ein neues Gebäude gebaut werden, bei dem man bewusst mehrere alternative Techniken zum Energiesparen anwandte. Der Standort ist zwar im Sommer durch hohe Tagestemperaturen gekennzeichnet, allerdings ist durch den nahen Fluss ausreichend Wasser vorhanden, was zu einer Entscheidung zugunsten von Verdunstungskälte erzeugenden Kühltürmen führte. Die Passivkühlung sollte an die natürliche Kühlung des Canyons durch die feuchten kühlen Felswände angelehnt sein und diesen Vorgang imitieren. Damit sollte eine Energieersparnis von 70% im Vergleich zu einem entsprechenden herkömmlichen Gebäude erreicht werden. Die folgenden Systeme kommen dabei zum Einsatz (Abb. 10): Durch verdunstendes Wasser in den Kühltürmen strömt kalte, angenehm feuchte Luft in das Gebäude ein. Keine zusätzliche Kühlung ist nötig, Energie wird nur während des Pumpvorganges verbraucht. Winterliches Heizen geschieht durch Trombe-Wände, dunkel gefärbte Außenwandpaneele hinter einer isolierenden Glasscheibe, welche Wärme nach innen abgeben. Fast der gesamte Heizbedarf wird dadurch abgedeckt, minimaler zusätzlicher Bedarf wird durch an der Decke montierte elektrische Heizkörper gedeckt. Auch die Innenbeleuchtung konnte durch die Architektur minimiert werden. Fenster in Deckennähe mit weit überhängenden Dächern liefern während allen Tageszeiten indirekten Lichteinfall, im Winter sogar direktes Sonnenlicht, welches zum Heizen beiträgt. Beim hohen sommerlichen Sonnenstand verhindern die Überhänge jedoch einen direkten Einfall, der dem Kühlen entgegenwirken würde.

---

[10] Torcellini, 2002

In Abb. 11 sind die Betriebskosten während der Testphase 2001-2002 im Vergleich zu einem entsprechenden Vergleichsgebäude zusammengefasst. Insgesamt ist der Stromverbrauch wie geplant um 70% reduziert worden, die Energiekosten des Gebäudes mit ca. 1000m^2 Fläche sind jährlich lediglich $5000 ($4.84 / m^2 / Jahr). Beim Heizen und der Beleuchtung konnte der Verbrauch auf ein Drittel reduziert werden, beim Kühlen und Belüftung fällt er völlig weg, außerdem wird der meiste Strom in den Nachtstunden bezogen, wo der Strompreis niedriger als tags ist.

Leider hat sich die Technik, die erfolgreich seit 8 Jahren in Betrieb ist, nicht weiter verbreitet. Der Nationalparkdienst USNPS hat seitdem kein weiteres Gebäude mit dieser Technik ausgestattet.

2.4 Energiesparen durch Verhaltensänderung: Spart die Sommerzeit tatsächlich Strom?

Im Kontext der steigenden Energiekosten entfacht in regelmäßigen Abständen die Diskussion über die Vor- und Nachteile der Sommerzeit aufs Neue, zumindest zweimal jährlich in der Tagespresse kurz vor dem jeweiligen Wochenende der Umstellung. In einer Diskussion um die verschiedenen Methoden der Energieeinsparung oder Reduktion von Schadstoffen durch optimierte Architektur, regenerative Energien oder dezentrale Herstellung darf natürlich nicht die zunächst scheinbar einfachste Lösung fehlen, die simple Reduktion des Verbrauchs. Wenn jedoch nicht die Gewohnheiten der Verbraucher geändert werden soll, müssen die Rahmenbedingungen optimiert werden, wie etwa die in einigen Gegenden seit fast einem Jahrhundert praktizierte Umstellung der Uhr um eine Stunde während der Sommermonate. Die Idee kam bereits 1784 von Benjamin Franklin, der scherzhaft von seiner Entdeckung berichtet, dass bereits vor der gewöhnlichen Zeit des Aufstehens Sonnenlicht vorhanden ist, worauf er in einem Leserbrief an das Journal of Paris fordert, in jeder Straße der Hauptstadt um vier Uhr morgens eine Kanone abzufeuern, um die „Faulenzer effizient zu wecken" und damit alleine in Paris jährlich 64 Millionen Pfund Kerzenwachs einzusparen[11]. Was prinzipiell ein hohes Sparpotential vermuten lässt, hat sich allerdings heute als wirtschaftlich nutzlos erwiesen, wenn man von den psychologischen Vorteilen der längeren hellen Tage nach Feierabend absieht. Die Bundesregierung erklärte 2005 auf eine Anfrage der

---

[11] Franklin 1784

FDP[12], „Im Hinblick auf den Energieverbrauch bietet die Sommerzeit keine Vorteile"[13]. Besonders durch die zunehmend sparsamer werdenden Beleuchtungssysteme (energiesparende Leuchtmittel, computergesteuerte Schaltung) vermindert sich die durch die Zeitverschiebung eingesparte Energie, die „durch den Mehrverbrauch an Heizenergie durch Vorverlegung der Hauptheizzeit überkompensiert[14]" wird. Deutschland hält heute nur noch aus Einheitlichkeit mit den Nachbarländern an der Sommerzeit fest, „angesichts der zunehmenden Globalisierung in allen Bereichen ist an einer dauerhaften einheitlichen Zeit in Europa festzuhalten"[15]. Die Bundesregierung antwortet auf die Frage, ob Deutschland in naher Zukunft die Sommerzeit abschaffen wolle, sie werde „an der Sommerzeit festhalten, sofern nicht die Mitgliedstaaten der Europäischen Union gemeinsam die Absicht haben, die Sommerzeit abzuschaffen"[16].

Einen weiteren Beweis für die Nutzlosigkeit der Sommerzeit zur Energieeinsparung liefert eine Studie von Matthew J. Kotchen und Laura E. Grant der University of California at Santa Barbara, eine empirische Untersuchung der Verbrauchsdaten von 7 Millionen Haushalten im US-Bundesstaat Indiana von 2004 bis 2006[17]. Die Studie beinhaltet flächendeckend fast alle Haushalte im Süden des Staates während der drei Jahre anhand von Stromrechnungen. Eine besonders günstige Situation ergibt sich aus der flächenhaften Einführung der Sommerzeit im Jahr 2006. Bis dahin hatten einige Verwaltungsbezirke noch ganzjährig die Standardzeit, damit lagen nach der Umstellung konkrete Vergleichsdaten derselben Gegenden vor und nach der Umstellung vor. Die Studie kommt zu dem Ergebnis, dass entgegen der Vermutung der Elektrizitätsverbrauch in Privathaushalten um 1% bis 4% ansteigt, was jeden Haushalt im Untersuchungsgebiet jährlich mit $3.19 an zusätzlichen Stromkosten belastet, umgerechnet Mehrkosten von $8.6 Mio. im gesamten Bundesstaat Indiana. Allerdings ist der Anstieg nicht konstant während der gesamten Periode der Sommerzeit. Im Frühling ist sogar eine geringe Einsparung zu beobachten, die sich im Sommer neutralisiert und zu einem Hoch an Mehrkosten im Herbst anwächst. Die ursprüngliche Vermutung von Benjamin Franklin bewahrheitet sich, da im Bereich der Beleuchtung tatsächlich Energie gespart wird, was allerdings durch die zusätzliche

---

[12] Deutscher Bundestag 2005 (A): 1-2
[13] Deutscher Bundestag 2005 (B): 2
[14] Deutscher Bundestag 2005 (B): 2
[15] Deutscher Bundestag 2005 (B): 4
[16] Deutscher Bundestag 2005 (B): 4
[17] Kotchen 2008: 1-3

Energie für Kühlung und Heizung mehr als relativiert wird. Außerdem werden in der Studie zusätzlich zu den oben genannten Mehrkosten weitere $1.6 Mio. bis $5.3 Mio. als Folgekosten aus der zusätzlichen Umweltverschmutzung genannt.

Die beiden genannten Beispiele verdeutlichen, dass die Theorie des Energiesparens durch eine Verschiebung des Tagesablaufes aus Zeiten stammt, in denen die Beleuchtung noch einen signifikanten Anteil am Gesamtverbrauch hatte, und Geräte wie elektrische Klimaanlagen und Heizungen in Haushalten noch keine Bedeutung hatten.

3. Die Auswirkungen des Klimawandels auf die Stromproduktion

Bisher standen die Möglichkeiten und zukünftigen Alternativen im Bereich der Gebäudekühlung im Vordergrund, als Antwort auf und Anpassung an die Klimaerwärmung, also die Auswirkungen des Klimawandels auf den Energieverbrauch. Umgekehrt soll nun betrachtet werden, welche Auswirkungen der Klimawandel auf die Energieproduktion hat. Kühlung und Abwärme spielen bei der Stromproduktion eine erhebliche Rolle und die Kraftwerke sind ebenso wie ihre Erbauer von einer Umwelt umgeben, die sich in den nächsten 100 Jahren um 2°C bis 5°C erwärmen wird. Es ist nahe liegend, dass diese Entwicklung in der Zukunft eine neue Herausforderung für die Stromproduktion darstellen wird.

3.1 Grundlagen der Stromproduktion

Um die Auswirkungen des Klimawandels auf die Stromproduktion in allen Aspekten zu verstehen, muss zunächst ein Blick auf die Funktionsweise und Hintergründe der Stromproduktion geworfen werden.

Die Stromerzeugung und der Konsum unterliegen einer entscheidenden Eigenschaft: Im Gegensatz zu den meisten Verbrauchsgütern muss Strom zeitgleich produziert und verbraucht werden, er lässt sich nicht einfach (und vor allem nicht ohne Verluste) speichern, lagern oder für später aufheben. Der Stromverbrauch ist im Tagesverlauf keinesfalls konstant, sondern zeichnet sich im Regelfall durch ein Tief in den frühen Morgenstunden und mehrere Hochs Während der Morgenstunden, am Mittag und am Nachmittag aus. Würde das System der Kraftwerke zu jeder Tageszeit den höchsten zu erwartenden Verbrauch bedienen, würde fast während des ganzen Tages eine Überproduktion geleistet, was teuer und verschwenderisch wäre, und außerdem die Hertzzahl des Netzes zu stark anheben würde. Als Konsequenz müssen während des

Tages ständig Kraftwerke hoch- oder heruntergefahren werden, um sich an die Nachfrage anzupassen. Hierzu sind in Deutschland eine Mischung verschiedener Kraftwerke im Einsatz, die an der Gesamtproduktion des nachgefragten Stroms auf unterschiedliche Weise beteiligt sind[18] (Abb. 12):

So genannte Base Load Kraftwerke laufen rund um die Uhr konstant und erzeugen die Energiemenge, die zur niedrigsten Nachfragezeit benötigt wird. Da diese Kraftwerke selten ihre Kapazität ändern müssen, können hier relativ unflexible Anlagen eingesetzt werden, die nicht kurzfristig hoch- oder heruntergefahren werden können (hohe Reaktionszeit). Dabei ist der Anspruch an diese Kraftwerke, sehr geringe Betriebskosten zu haben. Atom- und Braunkohlekraftwerke fallen in diese Kategorie, außerdem werden zur Deckung der Base Load aufgrund der geringen Kosten auch Wasserkraftwerke eingesetzt. Im Medium Load Bereich, der variabel aber aufgrund von Erfahrungswerten recht berechenbar ist, können Kraftwerke mit einer mittelschnellen Reaktionszeit und höheren Betriebskosten eingesetzt werden. Dazu gehören Steinkohlekraftwerke. Um die unberechenbaren Nachfragespitzen (Peak Load) schnell ausgleichen zu können, müssen sehr schnell reagierende Kraftwerke kurzfristig hochgefahren werden, die oft täglich nur eine kurze Zeit arbeiten, was zu den hohen Betriebskosten beiträgt. Dazu zählen Gasturbinenkraftwerke, aber selbst die kostengünstigen Wasserkraftwerke können kurzfristig zur Deckung von Peak Loads hochgefahren werden. Kombinierte Wasserkraftwerke mit Pumpvorrichtungen können dabei weitere Kosten einsparen und für das Netz stabilisierend wirken, wenn bei Nachfragetiefs besonders in der (im Strombezugspreis billigen) Nachtzeit Strom verwendet wird um Lageenergie zu erzeugen indem Wasser in höhere Höhen gepumpt wird. Zu teuren Spitzenzeiten kann dann das Wasser wieder Turbinen antreiben und (zu dieser Zeit wertvolleren) Strom erzeugen[19], man spricht von einer Stromveredelung.

Die regenerativen Energien wie Wind und Solar nehmen hier eine problematische Rolle ein. Da sie sehr von unregelmäßigen und unberechenbaren äußeren Einflüssen abhängen, können sie nur in einem Netz mit ausreichenden Reserven funktionieren und können niemals die Basis für die Stromversorgung werden oder gar alle anderen Kraftwerkstypen ersetzen.

---

[18] Schönbein 2007: 12
[19] Schönbein 2007: 13

Seit 1998 ist der europäische Strommarkt liberalisiert. Vor der Öffnung waren die jeweiligen Netzbetreiber in Monopolstellung und konnten die Preise nach Genehmigung selbst gestalten. Jetzt können Kapazitäten im gesamten Netz der UCTE (Union für die Koordinierung des Transports elektrischer Energie) gehandelt werden. Aufgrund der großen Ausbreitung des UCTE-Gebietes in west-ost-Richtung (fast 40 Längengrade) fallen die Nachfragespitzen systemweit Zeitlich oft nicht zusammen, was eine effizientere Nutzung der Kapazitäten bedeuten kann.

3.2 Wandel im Verhalten der Stromverbraucher

Während in den vergangenen 15 Jahren der Stromverbrauch in Europa ständig gestiegen ist (Abb. 13), kann ein Wandel im Konsumverhalten in einzelnen Ländern zu den verschiedenen Jahreszeiten beobachtet werden[20]. Während der Verbrauch gewöhnlich in den Wintermonaten am höchsten war, kann in letzter Zeit besonders in den Mittelmeerländern eine neue Nachfragespitze in den Sommermonaten beobachtet werden, verursacht durch den vermehrten Einsatz von elektrisch betriebenen Klimageräten. Diese Technologie wurde in letzter Zeit billiger in der Anschaffung und dadurch verbreiteter, außerdem häufen sich die extremen Hitzeereignisse in den Sommern, was wiederum mehr Verbraucher zur Anschaffung dieser Geräte bewegen kann. Über den Konsumwandel in ausgewählten Ländern kann folgendes beobachtet werden (Abb. 14):

Deutschland ist zwar der höchste Verbraucher in der UCTS, die Entwicklung bleibt aber weitgehend unverändert mit der höchsten Nachfrage im Winter und einem Minimum im Sommer, wo allerdings in den letzten Jahren eine leichte zweite Amplitude zu erkennen ist, was auf Klimageräte zurückzuführen ist. Vergleichsweise wird in Deutschland jedoch durch Klimaanlagen bislang wenig Energie verbraucht.

In Frankreich, dem zweitgrößten Verbraucher, ist ein viel höherer Unterschied zwischen Sommer und Winter zu erkennen, was am weit verbreiteten elektrischen Heizen im Winter liegt, welches besonders in den Nachtstunden aufgrund der Strompreisgestaltung sehr günstig ist. Auch hier ist ein geringes zusätzliches Sommerhoch durch Klimageräte zu erkennen.

In den südeuropäischen Ländern sind die Verbrauchsstrukturen deutlich anders: in Italien und Spanien beispielsweise ist ein sehr starker Anstieg in den letzten 15 Jahren

---

[20] Schönbein 2007: 8-11

zu erkennen, die Verbrauchsrate der einzelnen Jahreszeiten unterscheiden sich kaum voneinander, da die Winter heller sind und im Sommer bereits stark auf elektrische Klimageräte zur Kühlung zurückgegriffen wird. Dadurch hat sich in beiden Ländern die Verbrauchsspitze vom Winter in den Sommer verlagert. Auch in Griechenland ist in jüngster Vergangenheit ein Wandel von einer eher ausgeglichenen Verteilung über das Jahr zu einem Maximum im Sommer erkennbar.

Für Spanien liegt eine detaillierte Studie zum Zusammenhang zwischen der täglichen Lufttemperatur und der Stromnachfrage vor[21]. Abb. 15 zeigt die Entwicklung während der 80er und 90er Jahre, ergänzt um die Temperatur, und lässt genau wie oben beschrieben einen wandelnden Trend erkennen: Vor 20 Jahren war der höchste Verbrauch noch im Winter, heute hat durch die Verbreitung der Klimaanlagen der Sommer die kältere Jahreszeit längst überholt. Eine Betrachtung eines einzelnen Jahres (Abb. 16), am Beispiel 1998, verdeutlicht die Bedeutung von elektrischer Energie sowohl beim Kühlen wie auch beim Heizen: während sich die Lufttemperatur in der „Komfortzone" zwischen 15°C und 21°C bewegt, ist der Stromverbrauch am geringsten. In dieser Zone wird üblicherweise weder geheizt noch gekühlt, über das Jahr 1998 betrachtet war dies der Fall ungefähr in den Monaten April und Mai sowie September und Oktober. Während des Sommers wurde diese Zone überschritten, durch den Einsatz von Klimageräten ergab sich eine Spitze mit einem maximalen Durchschnittsverbrauch von Monatlich 15 TW/h. Im Winter kann ebenfalls ein erhöhter Stromverbrauch beobachtet werden, zum Jahreswechsel 1997/98 etwas geringer als im darauf folgenden Sommer, im Winter 1998/99 sogar höher. Viele neuere Klimageräte können bei Bedarf auch zum Heizen verwendet werden, allerdings bei einem hohen Verbrauch, wie weiter oben bei der Funktionsweise der elektrisch-mechanischen Kühlung erläutert.

3.3 Die Auswirkungen heißer Sommer auf die Stromproduktion

Eine bedeutende Eigenschaft der konventionellen thermischen Kraftwerke ist die große Menge von Abwärme, die in die Umwelt abgegeben werden muss. Sowohl im Falle der Kühlung durch Flüsse und Seen als auch bei Kraftwerken mit Kühltürmen wird die Umgebung erwärmt, was in warmen Zeiten Probleme mit sich bringen kann. Während im Jahr 2003 im Bereich der UCTE in thermischen Kraftwerken 2089 TW/h

---

[21] Valor 2001

Strom produziert wurden, entstanden bei der Herstellung zusätzlich 2550 TW/h Abwärme, die in die Umgebung abgegeben werden mussten[22]. Im Sommer kann dies zur Folge haben, dass die betroffenen Gewässer über die zum Schutz der Ökosysteme gesetzlich festgelegten Schwellenwerte erwärmt werden (beispielsweise 28°C Wassertemperatur in Deutschland und 30°C in Frankreich).

Im Hitzesommer 2003 konnte in Deutschland und der Schweiz weitgehend mit der normalen Kapazität gearbeitet werden[23]. Da beispielsweise die Kraftwerke am Rhein hauptsächlich Kühltürme verwenden anstatt direkter Kühlung in den Gewässern, wurden nur an einigen Kraftwerken die Gewässertemperaturgrenzen erreicht. Da die Stromversorgung dem Allgemeinwohl zugute kommt, durften die Grenzen kurzfristig auf Antrag überschritten werden, was mehrmals zwischen dem 9. und 14. August 2003 geschah.

4. Fazit

Das Muster des Energiekonsums hat sich in den letzten Jahrzehnten verändert. Neben einem konstanten Anstieg ist in vielen Gegenden auch eine Verschiebung der Nachfragespitzen vom Winter in den Sommer erkennbar, was auf den vermehrten Einsatz von Klimageräten zurückzuführen ist. Der Klimawandel und das Kühlverhalten beeinflussen sich gegenseitig: Wärmeres Klima verleitet den Menschen zu zusätzlichem Kühlen, zusätzliches Kühlen belastet das Klima, während eine immer wärmer werdende Umwelt außerdem die Kühlung der Kraftwerke erschwert. Die Technologien für eine Stromunabhängige Kühlung sind vorhanden und werden an vielen Orten in einzelnen Projekten bereits erfolgreich eingesetzt, leider konnte sich aber bislang keine Technologie als Ersatz der elektrisch-mechanischen Kühlung durchsetzen.

---

[22] Schönbein 2007: 15
[23] Schönbein 2007: 15

5. Abbildungen

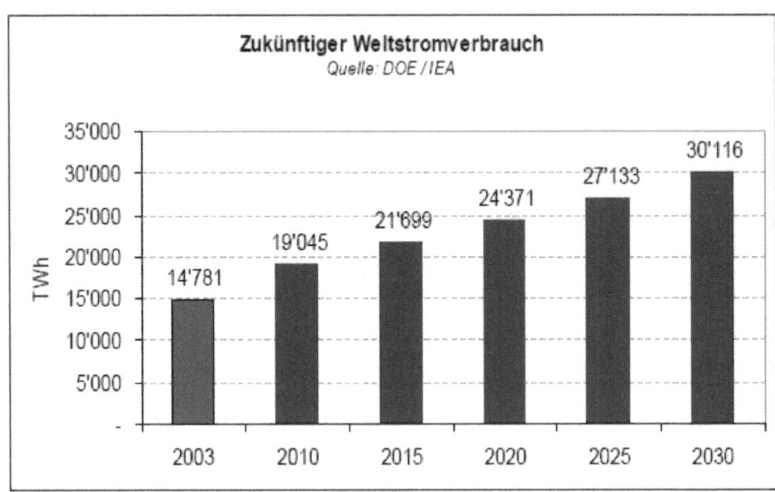

Abb. 2: Voraussichtlicher zukünftiger Anstieg des Weltstromverbrauches.

Quelle: http://www.esc.ethz.ch/news/colloquia/ss07/PresentThumann.pdf

Abb. 3: Entwicklung des Strompreises in Deutschland 2000-2008.

Quelle: Stadtwerke Stockach, http://www.stadtwerke-

stockach.de/index.php?id=148&tx_ttnews[tt_news]=29&tx_ttnews[backPid]=100&cHash=20f5d8e7ce

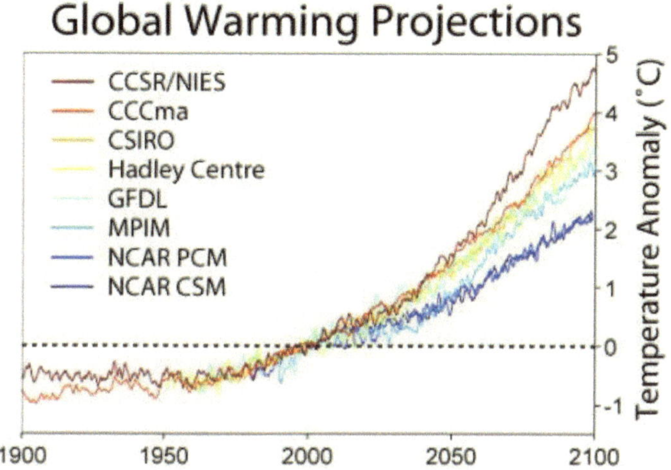

Abb. 4: Verschiedene Modelle zur Klimaentwicklung.

Quelle: http://naturematters.wordpress.com/2006/11/

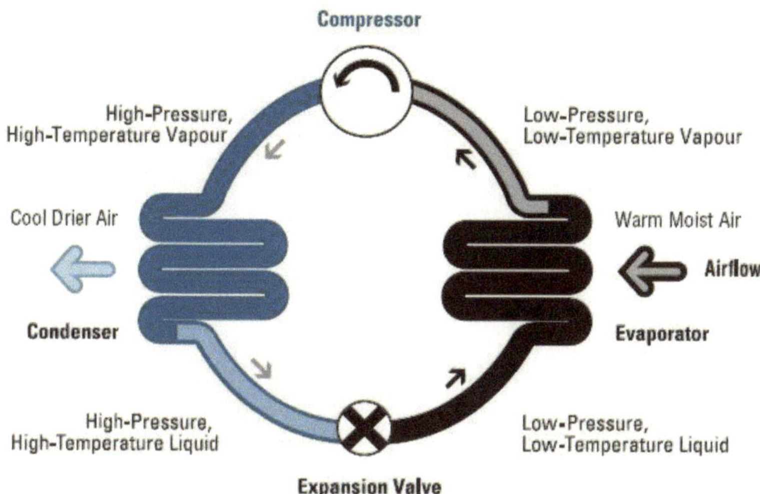

Abb. 5: Kühlkreislauf eines elektrisch-mechanischen Klimasystems.

Quelle: Natural Resources Canada, http://oee.nrcan.gc.ca/publications/infosource/pub/energy_use/air-conditioning-home2004/air-conditioning.pdf

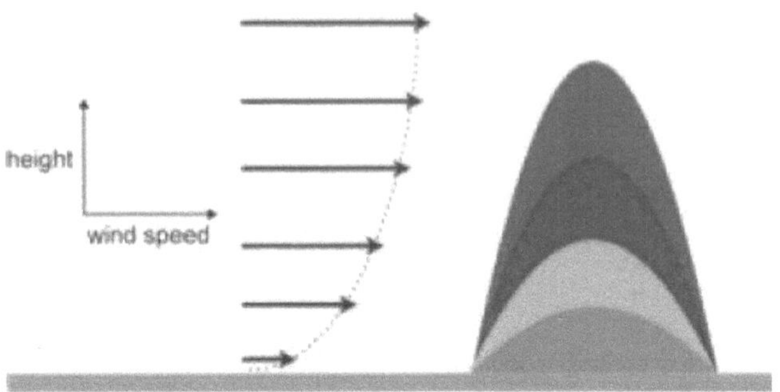

Abb. 6: Windgeschwindigkeit um einen Termitenhügel in Abhängigkeit von der Höhe.

Quelle: http://www.fhnw.ch/habg/iebau/dokumente-1/nds-e/passive-kuehlung-mit-luft-kompr.pdf

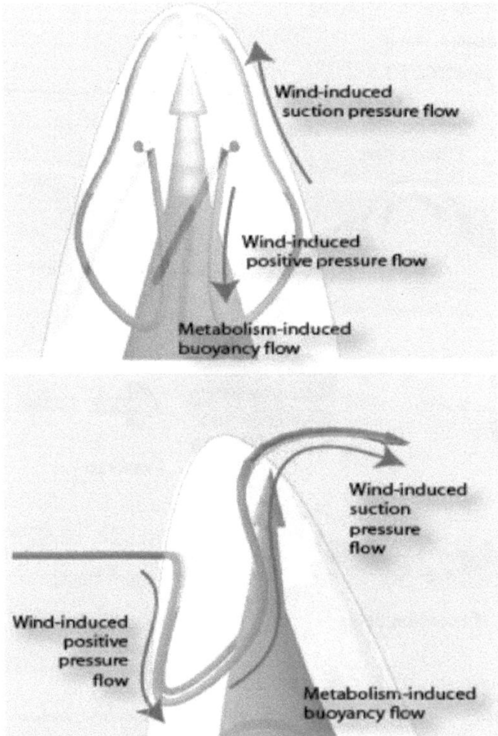

Abb. 7: Konvektionsströmungen und Luftzüge im Inneren eines Termitenbaus.

Quelle: http://www.fhnw.ch/habg/iebau/dokumente-1/nds-e/passive-kuehlung-mit-luft-kompr.pdf

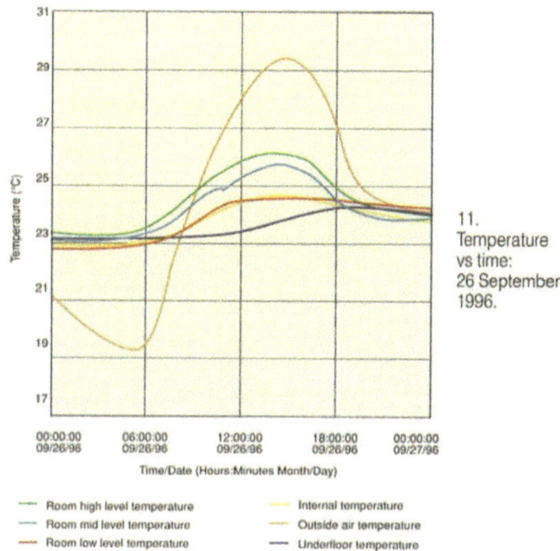

Abb. 8: Tagesgang der Temperatur des Eastgate Centre in Harare, Zimbabwe.

Quelle: http://www.fhnw.ch/habg/iebau/dokumente-1/nds-e/passive-kuehlung-mit-luft-kompr.pdf

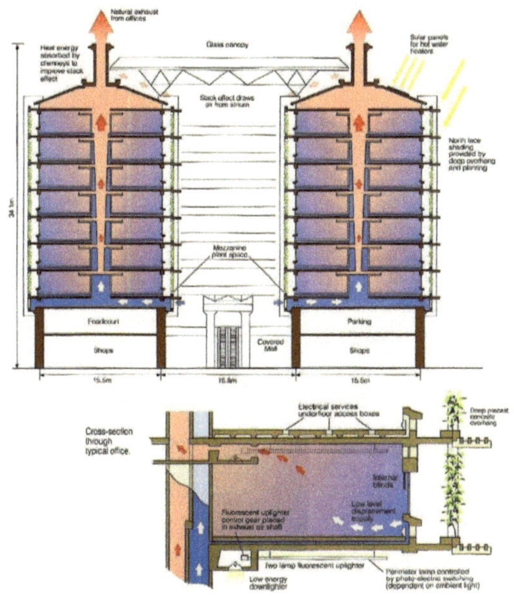

Abb. 9: Querschnitt durch das Eastgate Centre in Harare, Zimbabwe.

Quelle: http://www.fhnw.ch/habg/iebau/dokumente-1/nds-e/passive-kuehlung-mit-luft-kompr.pdf

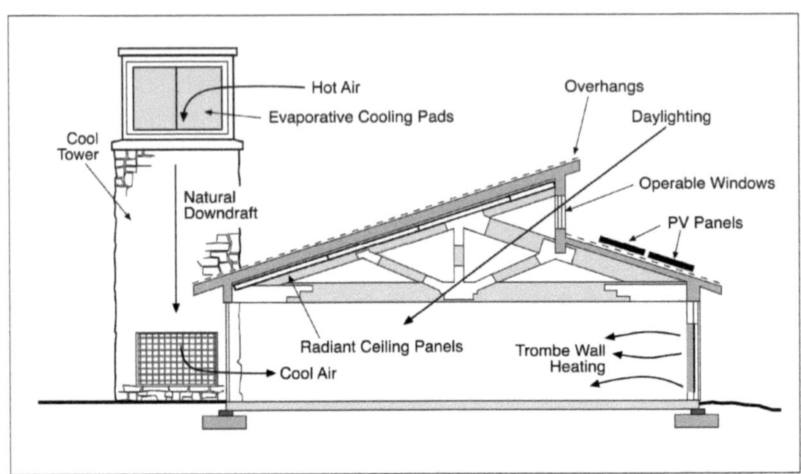

Abb. 10: Die verschiedenen Energiesparsysteme im Besucherzentrum des Zion National Park

Quelle: http://www.nrel.gov/docs/fy02osti/32157.pdf

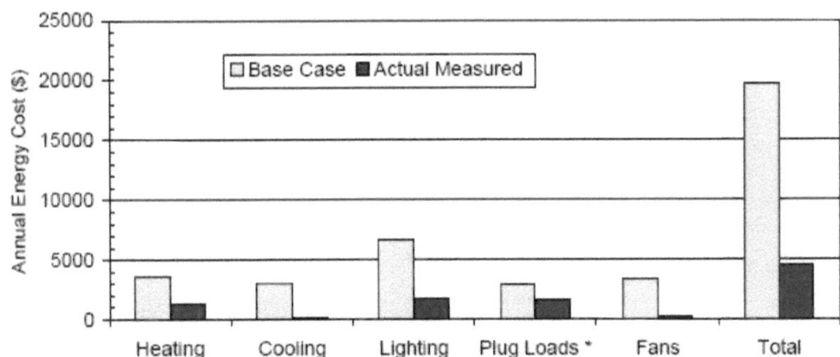

Abb. 11: Die Betriebskosten im Besucherzentrum des Zion National Park im Vergleich mit einem herkömmlichen Gebäude

Quelle: http://www.nrel.gov/docs/fy02osti/32157.pdf

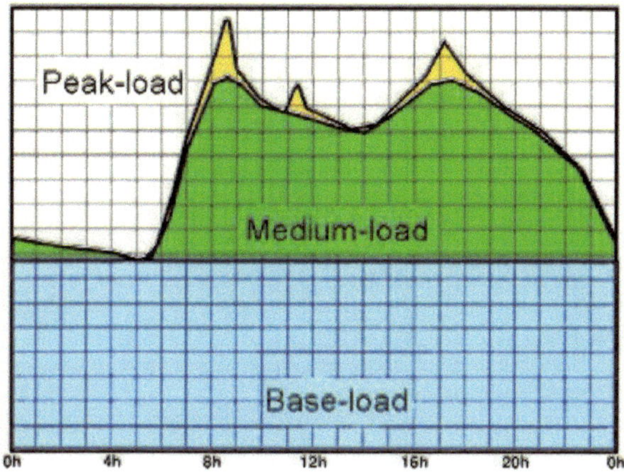

Abb. 12: Der Tagesgang der Stromnachfrage. Quelle: Schönbein 2007: 12

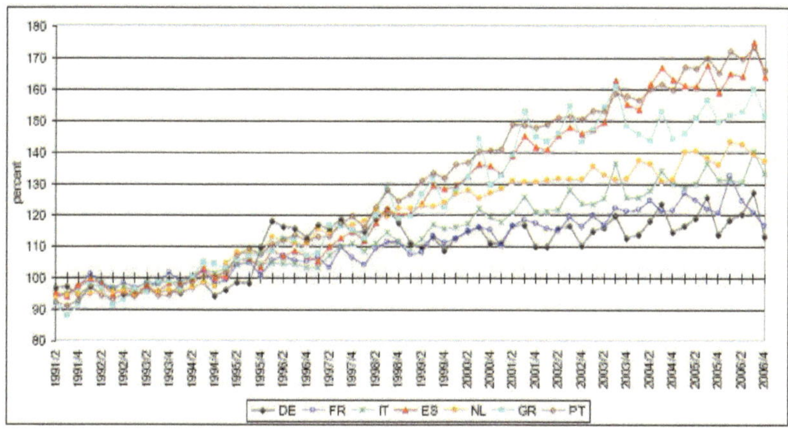

Abb. 13: Entwicklung der Stromnachfrage in verschiedenen Ländern in Europa zwischen 1991 und 2006. Quelle: Schönbein 2007: 9

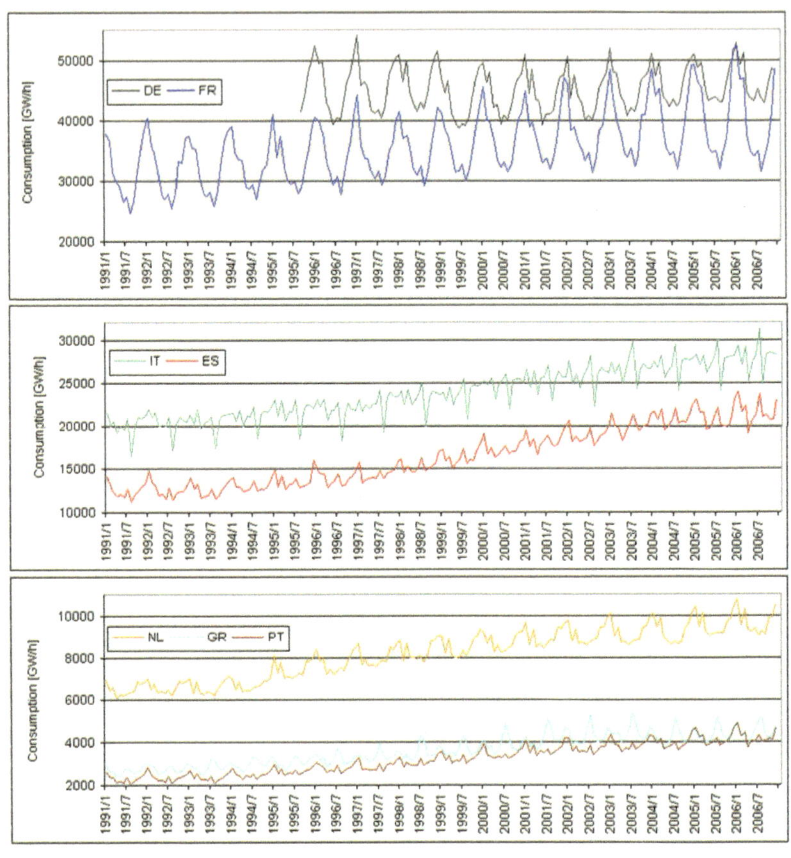

Abb. 14: Entwicklung der Stromnachfrage in ausgewählten Ländern in Europa zwischen 1991 und 2006. Quelle: Schönbein 2007: 10

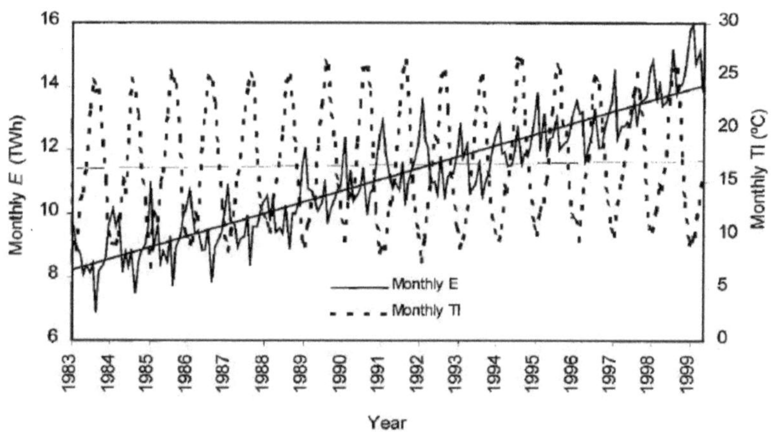

Abb. 15: Die Entwicklung des Stromverbrauchs in Spanien zwischen 1983 und 1999. Quelle: Valor et al 2001: 2

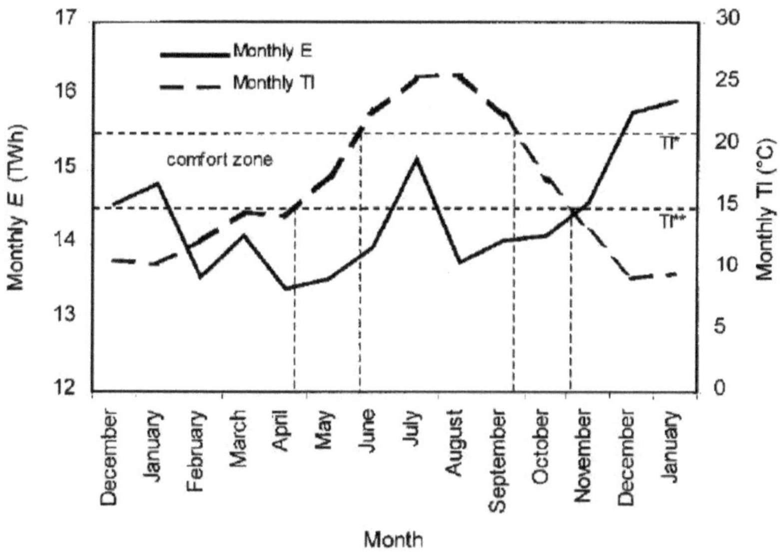

Abb. 16: Jahresgang von Stromverbrauch und Temperatur in Spanien im Jahr 1998. Quelle: Valor et al 2001: 2

6. Literaturverzeichnis

Aumann, Annette und Olaf Kortus: Passive Kühlung mit Luft - Prinzipien aus der Bionik und deren Anwendung in der traditionellen und zeitgenössischen Architektur. Diplomarbeit an der Fachhochschule Nordwestschweiz, Muttenz, Juni 2007. http://www.fhnw.ch/habg/iebau/dokumente-1/nds-e/passive-kuehlung-mit-luft-kompr.pdf (Zugriff 10.07.2008)

Deutscher Bundestag: Kleine Anfrage: Auswirkungen der Zeitumstellung infolge der Einführung der mitteleuropäischen Sommerzeit. Berlin, April 2005. http://dip.bundestag.de/btd/15/053/1505380.pdf (Zugriff 01.09.2008)

Deutscher Bundestag: Antwort der Bundesregierung: Auswirkungen der Zeitumstellung infolge der Einführung der mitteleuropäischen Sommerzeit. Berlin, Mai 2005. http://dip.bundestag.de/btd/15/054/1505459.pdf (Zugriff 01.09.2008)

Franklin, Benjamin: To the Authors of The Journal Of Paris. 1784. In: The Ingenious Dr. Franklin. Selected Scientific Letters. Nathan G. Goodman (Ed.), University of Pennsylvania Press, 1931. (Seiten 17-22)

Jones, Malcolm. Air Conditioning. Newsweek Magazine, Winter 1997. Zitiert in: Dahlgren et al: History of Air Conditioning, Bucknell University, 2001. http://www.facstaff.bucknell.edu/mvigeant/therm_1/AC_final/bg.htm (Zugriff 10.07.2008)

Kansas Department of Health and Environment: Building Related Illness: Health Education Facts. Topeka, Kansas, (ohne Datum). http://www.kdheks.gov/pdf/hef/ea5050.pdf (Zugriff 01.09.2008)

Kopko, William L (WorkSmart Energy Enterprises, Inc): Evaluation of a New Solar Air Conditioner. Angefertigt für: California Energy Commission. Washington, DC, September 2004. http://www.energy.ca.gov/reports/2004-10-20_500-04-062.PDF (Zugriff 10.07.2008)

Kotchen, Mathew J. und Laura E. Grant: Does Daylight Saving Time Save Energy? Evidence from a Natural Experiment in Indiana. Santa Barbara, California, Februar 2008. http://www2.bren.ucsb.edu/~kotchen/links/DSTpaper.pdf (Zugriff 10.07.2008)

Natural Resources Canada: Air Conditioning Your Home. Office of Energy Efficiency, Natural Resources Canada, Gatineau, Quebec, November 2004. http://oee.nrcan.gc.ca/publications/infosource/pub/energy_use/air-conditioning-home2004/air-conditioning.pdf (Zugriff 10.07.2008)

Schönbein, Johannes und Rüdiger Glaser: Study on the Assessment of economic impacts of drought for non-agricultural sectors. Studie für die Europäische Kommission. Institut für Physische Geographie der Universität Freiburg, Juni 2007.

Thumann, Manfred: Strom aus Kernenergie für eine wettbewerbsfähige Schweiz.
Energy Science Colloquium, ETH Zürich, April 2007.
http://www.esc.ethz.ch/news/colloquia/ss07/PresentThumann.pdf (Zugriff
10.07.2008)

Torcellini, P. et al: Zion National Park Visitor Center: Significant Energy Savings
Achieved through a Whole-Building Design Process. Natural Renewable Energy
Laboratory, Golden, CO, August 2002. http://www.nrel.gov/docs/fy02osti/32157.pdf
(Zugriff 10.07.2008)

Valor, Enric et al: Daily Air Temperature and Electricity Load in Spain. Valencia,
Januar 2001. http://ams.allenpress.com/archive/1520-0450/40/8/pdf/i1520-0450-40-8-
1413.pdf (Zugriff 10.07.2008)